U0175779

悦 读 阅 美 · 生 活 更 美

女性时尚生活阅读品牌

☐ 宁静　　☐ 丰富　　☐ 独立　　☐ 光彩照人　　☐ 慢养育

手绘时尚巴黎范儿2

魅力女主们的
风格化穿搭灵感

[日]米泽阳子 著

满新茹 译

漓江出版社

Foreword
前言

米泽阳子

　　毕业于女子美术短期大学，曾在大型企业担任广告插画设计师，后成为独立插画师，活跃在化妆品包装、广告宣传品、女性杂志、CM等与女性、时尚相关的插画设计领域。曾游学法国，受邀在巴黎老牌高端商场"乐蓬马歇"（Le Bon Marché）举办了全方位的个人才艺展。回到日本后，将在巴黎居住4年的体验结集成书，并活跃在商品企划等领域中。曾出版有《巴黎人的最爱》《巴黎恋爱教科书》。

　　个人网站：http://www.paniette.com

第一次看到《手绘时尚巴黎范儿》这个书名的各位读者——你是否对巴黎女人有特殊的感觉？觉得她们骄傲，难以接近……我也曾这样想。我曾有幸于 2004 年到 2008 年在巴黎生活了四年。四年间，我领略了乍见普通却引领时尚的巴黎女人的魅力；四年间，我往返于日本和巴黎之间，不断地观察、调查，交流和追踪。渐渐地，我不但彻底改变了先前认为"巴黎女人难以亲近"的成见，反而觉得每天认真生活的她们给人一种亲近感。每天穿梭于学校、职场的巴黎女性，她们和我们一样，在生活中尽力扮演着各种角色，妻子、母亲、职业女性……如此想来，我不禁反问，是不是理解了她们的价值观，就能把这些只用必备物品，就能营造出简单、快乐、个性时尚的巴黎女人当作我们的参考呢？和她们的轻松自在相比，我们是每天早晨站在满是流行单品的衣柜前为流行而战，就好像是在玩一项难度极高的迷宫游戏。也许，这本描绘巴黎范儿时尚 & 时尚思考法的书能助你解决这一难题。多多参考巴黎女人的单品，你的时间观和金钱观一定会发生变化，你也一定能够每天一点点地变得时尚起来。

　　曾经读过《手绘时尚巴黎范儿 1》的各位读者——你的"时尚革命"已经开始了吗？犹如每天一粒一粒播种幸福的种子，你已经体会到个性时尚的快乐了吗？本书中，我们将继续讲述《手绘时尚巴黎范儿 1》中未能尽述的巴黎范儿深层秘密。

　　如果本书能够成为你穿搭灵感闪耀的源泉，那将是我的无限荣耀。
　　真心将本书奉献给大家。

目 / 录
Contents

Part 03
季节性的"＋1"单品

Part 04
阳子（YOKO）的创意笔记

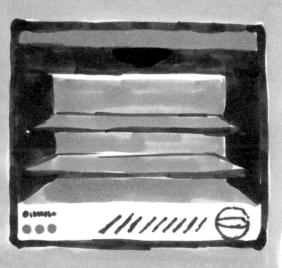

Part 01

备受世界瞩目的"巴黎范儿"时尚的奥秘

地道的
巴黎女人

备受世界关注的时尚女性
其实是这样一类女子——

她们利用少量单品，
变化各种搭配，
采用不同穿法，
打造出不一样的感觉——
既能恰到好处地透出女人味，
又能完美地展示她们的好形象。
纵使都是基本款，
她们也能穿得超有型。

能穿出服饰中没有的独特韵
味，"自己做主角"的风格
才是真正的时尚！

被奉为典范的"巴黎范儿"时尚

享受"追求真我"的随意时尚

提起巴黎，就会想到引领世界流行时尚的巴黎时装展示会。而大多数人也会认为，身处"时尚之都"的巴黎女人是满身最新的时尚单品，穿着各种名牌，闲庭信步于浪漫的巴黎街头……然而，事实并非如此。仔细观察身处世界流行发源地的巴黎女人，发现她们真是令人不可思议。

定居巴黎前，我曾十余次来旅行，那个时候的我还看不出哪些是地道的巴黎女人。直至真正在这里生活之后，我才逐步意识到，真正的巴黎女人并不引人注目，反倒是包括我在内的这些旅行者很显眼，总有些格格不入。当然这不仅限于亚洲人，西班牙人、美国人、意大利人……都和地道的巴黎女人有所不同。

即便是束腰大衣、劳动布、V字领……这些普通简单的样式、材质，巴黎女人也能穿出时尚的感觉。而在此之前，我坚信顶尖的新品才是时尚的前提……如今，我的时尚观彻底改变了。

或许正因为巴黎是时尚的大本营，巴黎女人才能深谙时尚的精髓——看似寻常，却总能散发灵气的自然的时尚。

巴黎女人也因其"独具风采"而备受世界瞩目。特别是她们不用特殊的单品，就能做到与众不同。她们不被流行所左右，能够追求适合自己的东西，保持真我的个性。"巴黎范儿"，就是"追求真我"的时尚潮流吧。

不华丽，不艳丽，却美丽！

没有一件新奇物品，却帅气非凡！

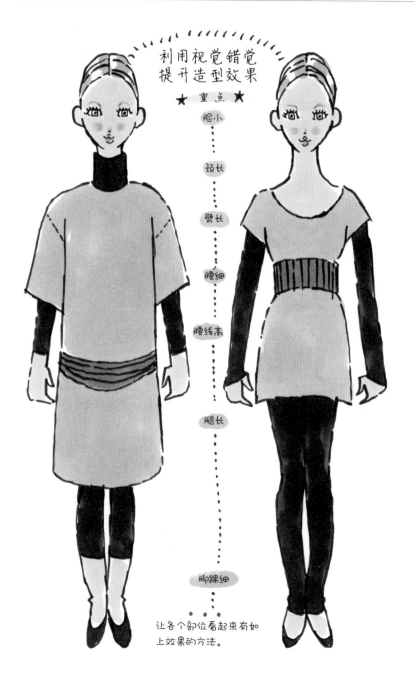

利用视觉错觉
提升造型效果

★ 重点 ★

脸小

颈长

臂长

腰细

腰线高

腿长

胸踝细

让各个部位看起来有如
上效果的方法。

12

利用视觉错觉修饰体形

在轮廓上下功夫，能够看起来苗条

巴黎范儿，是不分体形的。胖人，瘦人，都可以。这是不否定人原本特性的时尚穿搭术。

巴黎女人也会关心减肥的事，但不会过度地在意。当然，我们不得不承认，时尚与体形有着密不可分的关系。

但是，请等等！瘦身指的就是让宽度变窄，那么，只要看起来苗条，感觉比实际的宽度窄，岂不就是达到了与减肥瘦身类似的效果？

左页的两个人是按照相同比例绘制的。但是，右面的看起来却比较修长苗条，体形姣好。可见，只需要调整形状和长度，就能利用视觉错觉达到显瘦的效果。

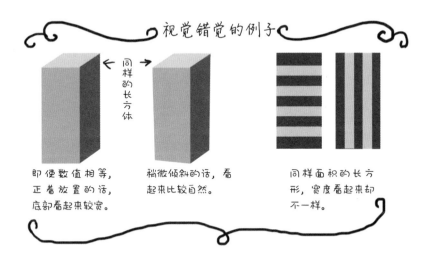

视觉错觉的例子

同样的长方体

即使数值相等，正着放置的话，底部看起来较宽。

稍微倾斜的话，看起来比较自然。

同样面积的长方形，宽度看起来却不一样。

由于这个部分的冗长，所以重心下移，整个身体的比例看起来非常不好。

全身上下一处合身的地方都没有，是造型失败的原因。

皮包控制在腰部以上，是造型成功的关键。

上身和下身所占比例相同，修身上装勾勒出曲线，因此，即使下身有点胖也没关系，轴心是稳定的。

14

全身的平衡协调很重要

在上身和下身的比例上下功夫，可以使"重心"看起来上移

请大家比较左页中的两种造型。为什么身着同样的单品，两个人给人的印象却截然不同呢？按相同比例绘制的两个人，右侧的明显看起来漂亮、体形姣好。

差别在"分量"和"平衡"上。右侧的造型上身和下身分量相同。从领口处到裙摆的中间点，就是上半身和下半身的分隔点，以此划分，平衡度最好。皮包是夹在腋下的小包，所

以看起来有紧实感。此外，因为佩戴的是长款项链，强调了长线条，也能够让身体显得纤细。

左侧的造型，从领口到下身裙摆的距离冗长，所以重心下移，比例失衡。此外，所有的单品都具有分量，全身没有集中的点，所以显胖。而且，由于皮包较大，整体看起来向左侧倾斜。明明身着和右侧女性一样的单品，平衡感却非常不好……

热衷于遮掩体形，衣着松松垮垮，无平衡感的丫子小姐

非常希望遮掩住胸、腰、臀和腿的线条。

下定决心换上紧身的单品，自身的比例后，反倒掩饰了身材的缺点。

虽然想要掩盖腰部线条，但是露出来的话，平衡感会很好呢！

平衡感 = 意识到安定感

如果感觉到重心向下或向左右倾斜的话，就是看起来不安定的危险信号。变换单品，尝试修饰一下平衡！

15

减法成就摩登！

没有留白，看起来乱七八糟（晃眼），恐怕会给人廉价的印象。

精减一下，立刻显得清爽了！

很少的单品使整体显得干净，格调得以提升。

16

减法做得好，时尚大提升

简洁是巴黎范儿的时尚秘诀

巴黎女人经常考虑的不是"什么是必不可少的"，而是"什么是不必要的"。与巴黎女人相比，我们搭配了太多的服饰和小饰物。虽然，将这个那个都穿上是令人快乐的，但是，是时候改变这个观念了。因为巴黎范儿的时尚秘诀就是使用少量的单品，享受摩登时尚的"整理心得"。

可以说时尚和房间是一样的。如果房间里的东西放得满满的，我们总会觉得心静不下来，心情也会变差。因此，人们常说"买了什么就要丢掉什么"，服装也是一样的道理。

没有必要为了时尚而增加单品的数量。或者，不如说，做减法效果更好。有些东西我们觉得必不可少，但是如果没有了却突然发觉反而更好。请回想一下，是不是经常有这样的情况呢？

所以，努力让自己养成"精减不必要的"习惯吧。做到简约的时尚。

首饰（珠宝）的减法

佩戴大耳坠的时候，就不要佩戴项链。

项链能提示脖子的位置。如果戴了项链合显得脖子很短，就把它摘下来。

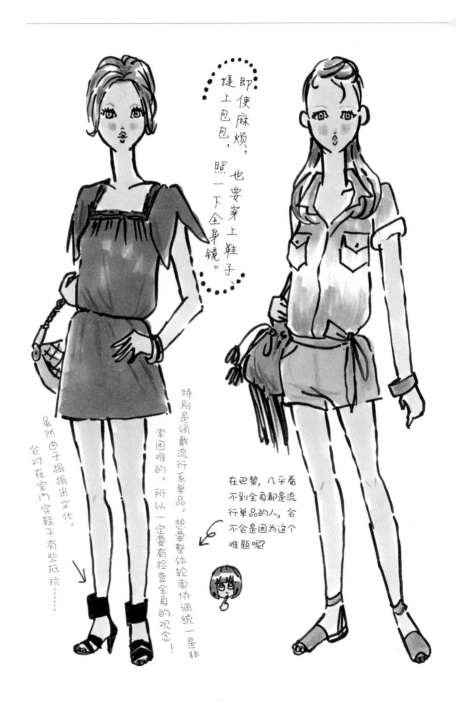

即使麻烦，提上包包，也要穿上鞋子，照一下全身镜。

特别是佩戴流行系单品，想要整体轮廓协调统一是非常困难的，所以一定要有检查全身的观念！

虽然由于榻榻米文化，会对在室内穿鞋子有些抵抗……

在巴黎，几乎看不到全身都是流行单品的人，会不会是因为这个难题呢？

巧用全身镜，检视整体线条

比起细节的部分，全身的轮廓更为重要

日本人比较重视"可爱"的感性认识。当然了，我也是"可爱"优先的类型。不知不觉就会过度追求彩带、荷叶边、美甲等细节，总是陷入"（脸上、身上）是不是沾了什么东西"的担心之中。我们身上到处挂着附属品……虽然，你可能会觉得这样很时尚。

带着这种"附属品时尚"来到巴黎的我，可以说受到了极大的打击。于是，我开始思考如何向这种巴黎式的高品位时尚靠拢。我逐渐意识到：要回归基础，忘掉过分的细节，注意考量整体线条。

看其他人的时候你是从细节开始的吗？我想大家都是粗略地看一下整体，才形成所谓的"印象"的吧？

我在素描的时候也是如此，先粗略地勾画整体的轮廓线条，（确定之后）再描绘细部。

时尚也是如此。如果重要的轮廓出现了问题，那么接下来无论怎样装饰，恐怕也不会有时尚的感觉。

因此，要养成照全身镜的习惯（从头到脚都穿戴齐全后再照）。

要优先考虑整体线条，再考虑细节部分。

所有服饰都是基本款，却显得很时尚。

因为整体线条具有一致性，给人以安定感。（看起来%%居很好的打折商品）

插图中，人们的视线也是被细节所吸引，看不到整体。

超出一个度之后，反倒成了"越过"时尚的人。

nuances
de la mode
à paris

（巴黎时尚的微妙差异）

高雅色系是主旋律

参考巴黎范儿的颜色图谱，塑造雅致的形象

黑、红、蓝、绿、粉……

如果想要穿出巴黎范儿，基本的一点便是选择高雅的色系作为面积较大的单品的颜色。比如说，首先选择下面图标中所列的雅致的颜色。

巴黎女人不会在"颜色"的选择上冒险。因为如果鲜艳的颜色出现在高雅的巴黎街头，那便无法做到不露声色的时尚。

虽说如此，但即使是乍看朴素的颜色，如果仔细观察，也会发现它们有各种不同。比如说灰色，就有红色系的灰、发白的灰、带点蓝色的灰，等等。同样是灰，却有着那么微妙的不同。巴黎女人对于这种"nuance"（微妙的差异）非常地敏感。

话又说回来了，"nuance"一词本就源于法语，或许，法国女性就是比较擅长享受这种微妙的不同。

即使限制了颜色，但是色数却是无限的。让我们把这个深奥的巴黎范儿颜色图谱记在心里，用在穿着中吧。

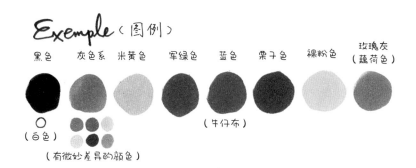

Exemple（图例）

黑色　灰色系　米黄色　军绿色　蓝色　栗子色　裸粉色　玫瑰灰（藕荷色）

（白色）　（牛仔布）

（有微妙差异的颜色）

红色美甲 & 红色手机。

手镯。

里面的针织衫。

鲜艳颜色是重音

把鲜艳的色彩当作一个亮点

可能有的人会觉得上一主题列举的图例颜色太过简朴，数量也不够充足。其实，华丽的色彩并不是绝对不能用，只要作为重点使用就可以了。

作为重点出现的颜色，主要用在较小的面积上。比如说，如果大面积的颜色选用了高雅的色调，那么，

即使只在指甲这样小面积的地方用了亮色，也会产生强烈的对比，给人以冲击感。相反，如果红色的外套再配上红色的指甲，两个都张扬的颜色反而会互相压制，效果也会减半。

把鲜艳颜色作为重点凸显，就能在利用高雅色调的同时，完美地融入流行色。这也是巴黎时尚的秘诀。

皮包

项链

就像料理摆盘时要加点缀色。

鞋子。

做了美甲的脚趾。

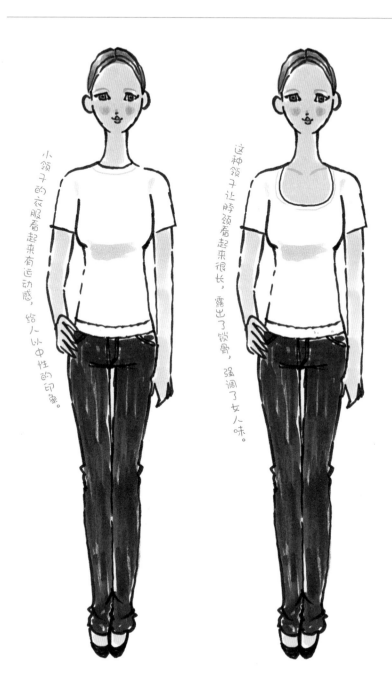

这种领子让脖颈看起来很长，露出了锁骨，强调了女人味。

小领子的衣服看起来有运动感，给人以中性的印象。

解放领口的范围

露出锁骨，凸显女性气质

虽然一直筹备在书中强调"'大领口'是巴黎范儿服饰的必备"，但我真正开始注意到"大领口"，是在为开个展做筹备的时候。

原本我计划要展出一幅穿小领子服装的女子画像，但画廊老板娘看到这幅画时提醒我说："注意不要弄得像是围嘴一样。"确实如此，围嘴是小孩子的象征，不太适合成熟女性的画像。于是我迅速地改画了领口敞开的形象，加上适度地增加了妩媚感，顿时大大地超越了之前的效果。

此外，在那次个展中，我们展示了两种T恤的版型。一种是美式传统版，一种是领口打开的透着女性气质的法国版。画廊老板娘自己买的是后者。而展览结束时，也确实是美国版还有存货。

老板娘说："法国的女性比较喜欢领口敞开的有女人味的服饰。"

虽然她这么说，但我还是有些怀疑。但当我逐一审视过商场、街道等各种场合中巴黎女人的大领口时，我才确信。

从那以后，在选择服饰的时候，我就开始注意领口的细节。这数厘米的差别，就能增加女人味和时尚度。

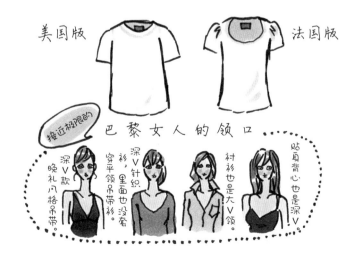

大约为25岁。
小麦色的肌肤，
配上纯棉的
碎花裙。

连衣裙决定了你健康的、高品位的时尚。

肩宽
胸部
臀部
都很合身，
因此很合适。

（都向下滑，平衡感特别不好）和我不相配……像右头一样。

（她那丰满的胸部和臀部让衣服张弛有度。）

也就是说——
她穿的时候，衣服是立体的。
＝
让衣服活起来了。

我穿的时候，好似将衣服挂在衣架上，是个平面的。
＝
衣服看起来很单薄，不适合。

店员走的是简约风

跟店员学穿搭

在巴黎，时装店的门市店都只有一层。每次外出的时候，都能轻松地透过橱窗看到店里的商品，因此，一边透过橱窗逛街，一边审视店员的穿着，成为我每天必做的事。

时装店的店员也是店里的活广告，我想她们肯定会穿得很华丽……但是，她们装扮得出乎意料地简约。然而，就是那些简单的连衣裙，店员们却穿得特别时尚，而且给人一种安稳、高品质的感觉。或许这就是每天接触服装，身处每天能从镜子中看到自己身影的环境中的历练吧。

受她们的启发，我也会试穿同样的单品，但经常会发现，那些并不适合我们。可以说，法国通行的是个人主义。没有适合所有人的单品，因此这种时候请冷静对待。有时候，店员会从里面拿出库存商品，征求你的意见："我觉得这件比较适合你，你看看怎么样？"此时，请别多心，去试试看，再征求一下她们的意见。在这个过程中，你会慢慢了解自己的长处和短处，做出理性客观的判断。这就是一堂很好的时尚课。

裙子的分量很重，因此将头发扎起来。

腰上的串珠刺绣是重点，除此以外，都是和其相冲突的高雅色调。

即使去除了一切多余的装饰，尺寸的完美匹配，也让她看起来特别漂亮。

口袋的位置是不能忽视的重点。如果口袋再向下移的话，重心就会看起来也向下，不好看。

时装店店员的"简单的"没有娇饰的时尚

27

Part 02

"成熟可爱"的巴黎风格

但看起来很像是噱头，反倒是影响效果。

虽然想象着是"可爱的"，

马尾辫非常适合巴黎范儿的"成熟可爱"。

孩子气的可爱（可爱过头了）。

成熟可爱（尺度把握很好的可爱）。

无论如何都会显得幼稚，这样的打扮很难成为巴黎范儿的时尚。

光脚或是没有花纹的朴素的打底裤。

给活泼好动的孩子设计的服饰。

不适合小孩子的平胸，腰围也不合身的设计。

"成熟可爱"是关键词

完美地融合日本人的"可爱"和欧美人的成熟

亚洲和欧美有地域上的差别，文化和喜好也各不相同。我以巴黎女人的时尚为风向标，融合日本的"时尚"风格，进一步发展出"日式巴黎风"。

我在法国开始对"可爱"的感觉产生兴趣。这种超"可爱"的风格在巴黎女人中几乎没有。我要做的就是在成熟范儿的风格中，完美地加入"可爱"的要素。

在法国的社会里，女性需要被人作为"成年女性"对待。因为孩子气＝幼稚，就会被人当作未成年人对待，徒增很多麻烦。

按照喜好打扮是愉快的，但是要避免招致误解。既然是特意打扮，当然希望这种打扮无论去到哪里都能被人认可。

因此，首先要让人将我看作是一个成熟的女性。那么，就要限制那些可爱过头的单品。

选择那些只适合成熟女性的设计，凑齐各种成人的特权单品。除此以外，如果能够再加入一些"可爱"的要素，那么，我们就能享受日法混合风的"成熟可爱"时尚了。

"成熟"是关键词。无论如何，都要讨论成熟度的问题。

喜欢可爱的东西，对于比自己年龄幼稚的东西不能抑制地喜欢，但在严格以"成熟"为中心的法国文化中……

如果被叫作"甜妞"（mademoiselle），那我就认输了。

能够明确解释年龄的机会非常少，如果因外表的幼稚被贴上标签的话，那么交流就会变得很复杂、麻烦。

"madame"是法语中最高的敬称。如果被这样称呼也不是坏事。

看起来年轻是健康的、好的，但是如果已经超过20，还是希望能够被郑重地当作成人来对待。

尽可能地选择窄直下恤，这样能提升你的成熟度！

因为是孩子气的可爱……

向成熟可爱前进！

散开领口，去掉小物件就能显得很成熟！

满是流行品……

下定决心减少三成单品

减少单品数，成熟度大提升

虽说是学习巴黎范儿的时尚，但是也没有必要勉强自己全都改变。只要凭借手头现有的单品，就能享受巴黎范儿穿搭的乐趣。

在日本，"可爱风"的单品非常丰富——彩带、荷叶边、装饰品、人造宝石、动物＆动漫形象，等等。看到这些单品，许多女性就会情不自禁地兴奋起来。当然我也是如此。买这个，买那个，一点点地升级。时间久了，会发现自己有时使用了太多的装饰。

从习惯于那种"可爱"风单品的感觉出发，减掉现在单品数量的三成，是转向巴黎范儿"成熟可爱"的捷径。

如左页大图所示，少量的单品也能充分地展示时尚，而且一下子增加了成熟度。

虽然我们都非常喜欢"可爱风"，但不妨尝试一下"简约风"。你一定会比现在更时尚一点，更成熟一点。让我们的心情和外观一起清爽起来吧。

让这个区域清爽起来。

没有装饰就会很清爽。

汇集了缎带、蕾丝等各种可爱的小细节……

特别需要留意套装。同一个尺寸，未必上身和下身都会合体。

巴黎女人（西方人）会选择比我们认为合身的尺寸再小一号的服装。

尺寸的不同，裙长也会有不同。

合身

选择合身的尺寸，厚厚的冬装也能穿出迷人的曲线。

一定要尝试两种尺寸

对于适合自己的单品，请选择合身的尺寸

我基本上都在店里挑选洋服。虽然成品的尺寸分类不是很精准，但我们还是会按照"我穿M号"的意识而决定要哪一件。如果要实践巴黎范儿的时尚，我建议忘记自己该穿什么尺寸这回事。

试穿下装，不能因为腰部能穿进去就买，一定要试一下再小一号的。对的，不是看"能否穿进去"，而是看"是否合身"。

即使是同一个设计，也要分别试穿S号和M号，或是试三个尺码。

还要把袖子卷起来看看，并检查自己调整不到的位置（肩部、胸部、臀部的合身感……）。养成了这样的习惯，就很容易找到适合自己的单品。

巴黎女人会在试穿上花费很多时间，那感觉就像在找为自己量身定做的那款。

如果，没有适合自己的尺寸，她们会果断地放弃购买。如果要问为什么，她们会觉得那不像是她的单品。巴黎女人就是如此重视尺寸。

将SML三个尺码的服装重叠在一起，比较一下它们的不同。

这数厘米的差别可能导致穿在身上的效果不同。

请一定试一下小一号的！

您穿的尺码是？

这是在时装店里决定买哪件时常出现的台词。一定要试几个尺码。从XS到L号，我会根据不同的单品而推敲其尺码。

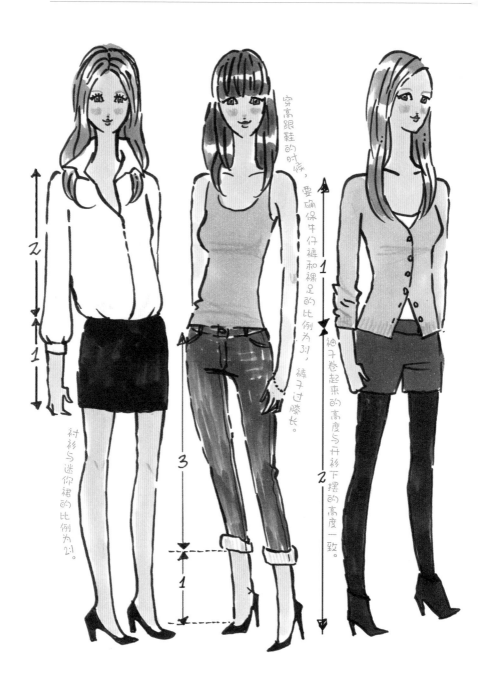

穿高跟鞋的时候，要确保牛仔裤和裸足的比例为3:1，裤子过膝长。

衬衫与迷你裙的比例为2:1。

裤子卷起来的高度与开衫下摆的高度一致。

衬衫和裤子的比例为1:2。

简约风的黄金比例

意识到 1:2 的比例，原创搭配也变简单

巴黎女人的时尚无须特殊的单品，那是不依靠容颜和流行的时尚，那是懂得重视轮廓线和平衡感的时尚。

这一组造型是装饰最少的类型，也是最地道的巴黎女人着装风格的代表。最简约的类型，可以说是时尚的最高境界。

这节中，我们来测一下好懂的上下身的比例。从这里，可以了解上下身的平衡问题，了解有1:2、1:3这样让人看起来漂亮的比例存在。如果不了解轮廓线或是平衡的问题，可以粗略地估算一下比例。然后尝试着寻找扣扣子的位置，挽起袖子，调节长度，慢慢地，你就会找到时尚的感觉了。

学会运用这种简约风的黄金比例，那么，即使是最简单的服饰，也能穿得时尚感十足。

法式衣袖洋溢着青春气息，适合巴黎女性紧致的手臂，热裤和军绿的黄金搭配，看起来充满运动活力。

棉质花边上衣，搭配零星的青绿色饰物，再加上与上衣同色系的深茶色下装，非常协调，增加了野性的魅力。

即便是中式领的衬衫，巴黎女性也会敞开几颗扣子，穿出一种随意的感觉。这样看起来不那么甜美，是实现成熟可爱风格的窍门。

"甜美女衫"配"率性裤装"

甜美单品与率性裤装的组合，超相配！

巴黎范儿以高雅作为主旋律，但并不是说就不要裙带飘飘那种可爱了。只是，她们更喜欢能体现女性柔美气质的单品。其中衬衫是最常见的。为了防止过度可爱，看起来孩子气，巴黎女人在身着这种柔美衬衫的时候，会摒弃衬衫以外的一切"甜美"系单品。

这样的衬衫，下身一般会配上率性的裤装。甜美配率性，给人超酷的感觉，再次体现了巴黎女人的"成熟可爱"。

为了不让大大的荷叶领显得孩子气，下装不带任何装饰，增加成熟度。

精致的丝绸衬衫搭配做旧效果的牛仔裤，打造对比风格。

领部的缎带，特意系得高低不对称，显得动感灵气。

避免"甜+甜"的搭配！

如果摘掉项链，秒变巴黎范儿。

穿碎花衬衫时，可能会想配一条花色项链……

看起来洗练、优雅。

搭配过度，看起来显老。

基础款衬衫的 7 种变化

巴黎女人地道度 NO.1

随性是巴黎范儿的命根子，因此，她们不会把扣子都扣上，基本会敞开领口。

把领子的后面立起来。

里面搭

特意解开袖口的扣子，让手臂看起来更加修长。

将袖子卷起来，能看到自然的褶皱。

前后身上压出的褶子很自然，也适合活动。

比起系扣子，用胸针更闪耀，服装更贴身。其他的扣子都自然打开。

选择不一样的扣眼系上扣子，就会出现不一样的效果。

把腰带系在衬衫的中间位置。

便装中的巴黎风

去附近的
便利店

用发夹随意地别住头发，尽显巴黎范儿的随性之美。

披肩＆芭蕾鞋（船鞋），闲逛，以及轻松愉快地去咖啡厅的打扮。

下小雨的话，唰地就能把大衣的帽子戴上遮雨。

运动服很合身，可以随时穿上去附近休闲购物或办事。

平时可以一直佩戴的手镯。

即使是便装，也要有意识地突出成熟度，限制甜美度。

43

东京街头的"日式巴黎风"

稍微有点凌乱的头发。

不露声色地立起领子。

巴黎范儿的步态，很漂亮。

在六本木碰到的，20多岁

她是午餐时间的外出吗？再仔细观察一下，原来是装扮略显刻板的职业女性，但她还是在允许的范围内把袖子卷了起来，多了一份巴黎范儿的干练潇洒。

在六本木坂碰到的，50多岁太太

小短发非常适合她。

骑士夹克+麻料裤子+扁扁的鞋子，和巴黎太太们一模一样。

在西麻布碰到的

妈妈们自然而优美，帽子更增加了她的女性魅力。

皮革运动鞋

在银座碰到的，
目测约 21 岁

所有的单品都是传统款式，但是看起来就是漂亮。这是因为所有的尺寸都刚刚好。

腰带起到收缩全身的作用，是非常重要的存在！

衣服的处理方式也是巴黎式的。

普通的船鞋

在霞关碰到的，
目测约 25 岁

黄色的手机成为重点颜色。

稍有光泽的材质，这种不露声色的时尚正是巴黎风。

这里的碎花开衫起到了点缀整体的作用。

丽派呆（repetto）的船鞋

从美术馆回来的 40 岁的女士。

所有单品的比例都不是特别大，也不是特别小，非常妙！

有没有这个手镯会有极大的差别。

名品包包

商品目录

45

中午一边吃着三明治，一边逛街研究新品。

在街上看到穿H&M针织衫的巴黎女人。第二天我就照着买了一件。

所有商品明码标价。

认真地试穿

能从成堆的打折针织衫中挑最漂亮的那件，个个都是购物达人！

"棉柜"（Comptoir Des Cotonniers）的帆布包。这个款式我在街上看到过很多次，终于入手了。

精打细算的购物高手

不浪费一毛钱的巴黎女人

说到法国人，很多人会首先想到"小气""节省"这两个词。但我对法国女人的印象与此不同。与其说她们"小气"，不如说她们"购买前必须要仔细斟酌"；与其说她们节省，不如说她们是极力避免浪费。

巴黎女人认真地将"时尚研究"融入日常生活，面对喜爱的商品会认真比较，试穿。此外，她们会充分利用打折花小钱买大件。

对我来说，每天都会从各种各样的商品里发现很多喜欢的单品，锁定购买的时间点就比较困难。我很想知道，很少买衣服的巴黎女人都是在什么时间买衣服的？于是我像跟踪狂似的追踪调查她们。通过调查，我发现她们买的都是"能立刻穿的服装"。事实上，"买了就马上穿上"的人非常多。

我总是在换季之前买好衣服，或是赶上打折的时候，买一些"不知何时会穿的衣服"，这些都成了闲置品。

我们经常能够看到巴黎女人身着 ZARA 或 H&M 的当季新品，昂首阔步于街市之中。或是打折的次日，她们自豪地身着"战利品"的身姿（打折季期间，街上总是生机勃勃）。

她们寻找"现在必要的单品"，研究、购买。这是非常可靠的做法。

只是因为"便宜"就买，非常危险，很可能造成浪费。反过来，"购买现在必要的单品"，也能防止自己冲动消费买下"穿 10 年才够本"的高档品。高档服装虽然能穿很长时间，但是我们往往穿不了太久就会想买新款。

精打细算的时尚女性，是让我心生敬佩的。巴黎女人的购物技巧，也是我想要学习的。

自豪（因为动脑省了钱？）

盯上的商品，在打折期间买到手！

春
丝绸围巾松松地围在脖子上，像一朵盛开的花，这样还能让脸显得小巧。

夏
棉质的围巾围出马甲的感觉。

秋
把大围巾当成披肩围。

围得过紧，有些"扭曲"。

注意不要这样！

围巾——时尚担当

在围法上下功夫，立刻变身为衣着得体的时尚达人

应对巴黎多变气候的必备单品是"围巾"。大围巾（stole）、长围巾（muffler）、头巾（scarf）……是四季里大家都喜欢的单品。

这种"围巾"不仅能防寒，而且还能让你看到巴黎女人的着装技巧。下功夫自由自在地变换围法，让其成为时尚的主角。

毛线编织的围巾

冬

流行的围法

在上半身强调围巾的集中式围法。想提升气质的话，可以试试这样围。

前后交叉的围法，和下面的靴子很搭。

围巾在脖子后面多围一些，会让侧脸看起来更漂亮。

走路的时候，长长的围巾在身后摆动，很好看。

围巾的长度与上衣的下摆保持一致。

围巾在左右长短不一，有种律动感。

二三十岁的女性会戴手镯和小颗的纯金、银或天然宝石。

用裸色的低调的依雅。现高档饰品表

20多岁的人戴普通样式的细编串的珠串。

太太们非常适合叮叮当当地戴一组金饰。

我喜欢H&M的编织（5个约1000日元）。

圆珠人造宝石

手镯——不可或缺的"点睛之笔"

巴黎范儿会重叠着戴多个手镯

　　我在巴黎居住的时候，每天没事的时候就看电视。广告、电视剧、新闻中……那些经常出现的时尚女性，哪怕只是上半身的一个镜头，穿着极其简单的单品，但却非常时尚。"为什么呢？"我很疑惑。终于有一天，我注意到，她们"手镯的佩戴率极高"。

　　"总显得很时尚"的女性中，百分之百都戴了手镯。

　　手镯，起到了让整体收缩的效果，虽然是小东西，却有着很强的视觉冲击力。

　　手镯的类型各种各样，重叠地一起戴几个就是典型的巴黎风。

食品广告中演妈妈的演员。普通的蓝色针织衫配牛仔裤。由于佩戴了手镯，让人一下子凡雅起来。

电视剧里的咖啡店店员。普通的贴身背心配上牛仔裤，手镯成了点睛之笔。

包括包包在内的整体造型，决定时尚度！

巴黎女人会选择能够根据身长调节肩带长度的布袋，打造协调的比例。比如，即使包包很重，仍然看起来不重，就是时尚的重点。

小短包。不超过上身的长度，与有分量的裙子非常匹配。

全身镜中反映的是皮包与身高的平衡比例。

可以尝试很多种提法。

大且肩带长的包包不适合，重心看起来下移

确认一下是不是只有包包游离在外面？选择能够靠近身体，有贴身感的包包。

52

最后收尾的是包包

配合整体线条，调整包包的大小及长度

说到时尚的收尾工作，那便是包包。巴黎范儿特别注重全身效果。不管服装多时尚，只要一个包包就会改变整体线条，所以，绝对不能轻视包包！

自从我住在巴黎，首先要修正的就是包包的选择及背法。环顾四周，只有我看起来拖拖拉拉的。这不是颜色的问题，也不是款式和衣服的问题，是包包的原因。巴黎女人会让包包和身体完美贴合。

我只注重了包包的实用机能和设计。包包看起来好像很重似的拽着我，整体平衡被严重破坏了。

现在买新包，我都会照全身镜，好好看下包包是否合适。再尝试多种提法，选择和身高相对应的、恰好的比例大小。如果个子不高，想把皮包控制在腰部以上是比较难的。物品较多时，要额外楇一个购物包。

或许，对于很多人来说，所谓的包包，指的是名牌货。虽然名牌包结实，提起来方便，但是如果和服饰不配，反而不如那些让身体线条更修长的普通包更时尚。巴黎女人能很好地将布袋和皮革包与时尚单品搭配。这也是我要效仿的。

从整体角度考察时尚便是巴黎范儿。选择作为收尾的包包时也是绝不能妥协的。

修正

被包包拽着，看起来很重的样子。

因为是法国制造的名牌货，所以背起来很安心，但这样背忽略了平衡感。

将肩带调短，把包包位置变为贴近侧腋，一下子就会觉得身体变轻快了。

"动态美人"
美的是步伐
因为是正好的鞋子，走起来很美。

"静态美人"
美的是仪态

长筒靴也一定要在右胸都试一试。

一定注意选择后面的带子不要总向下掉的！

正正好的！

凉鞋最好选择胸后跟稍微出来一点的。大了的话，会不稳定，不能很好地走路。

在巴黎街头，如果你精神涣散的话，很容易成为小偷的目标。为了避免这种危险，你走路要精神抖擞、腰板要挺直，目光要凛然……

合脚的鞋子，让步伐更优美

一定要走一走，检查一下鞋子的尺码

巴黎女人的时尚中，最美的是她们走路的姿态。那种优美，恐怕是世界第一的吧。

大家都看过巴黎的电视节目或是有关巴黎的照片——不是演员的普通巴黎女人也像模特一般优雅地走着，随意一拍就能捕捉她们美丽的身影。明明没有摆 pose，但无论从哪个角度看，都好似一幅画。她们的走路姿态或是稍有停顿的 pose 都是长期训练的结果。

我深受这样的"动态"的巴黎女人的刺激，将她们命名为"动态美人""静态美人"。好不容易生活在她们中间，我一定要赶紧模仿。

想要做个"动态美人"，最重要的一点便是鞋子的选择。如果鞋子不合脚，姿态和步伐都不能如此美丽。因此，巴黎女性买鞋时会选择最合适的尺寸、最舒服的感觉。她们在鞋子卖场停留的时间非常长。试很多双却什么也不买的人非常多。在选择鞋子的时候，比起设计的款式，尺寸合适对于能够拥有漂亮的步伐更为重要。

巴黎的街道中，石阶和坑坑洼洼的路面很多，极不好走。即使如此，巴黎女人仍然能走得如此优雅而美丽，实在是我们要学习模仿的对象。

鞋子的选择方面，人们往往更注重追赶潮流，重视款式设计，但是好好地筛选一款适合自己脚形的鞋子是非常有必要的。让我们不慌不忙地花些时间，找到适合我们的那双"水晶鞋"吧。

在试穿的时候，一定要走几步，确认鞋子的合脚度。

Part 03
季节性的"+1"单品

特意穿得不对称，随意性是巴黎门。

圆领女背心外面再上宽松开衫，系上同质腰带，演绎自由时尚。

春季的棉质开衫

方便携带的万能女性单品

在巴黎，即使是春季、夏季、气温较低、温差较大的日子也很多，防寒用的开衫是必不可少的。其中用很粗的棉线粗织成的开衫能够起到外套的效果，可以说是比较适合巴黎气候的单品。

把它随意地披在肩上，就更具巴黎风。因为材质比较"粗糙"，穿脱之中随性的快乐也是极具魅力的。此外，平滑的线条也非常有女人味。比起大衣、夹克，你可以更随意地对待它。

不只是穿上，也享受一下各种花样拿法的快乐吧。

携带方法也和时尚相搭配！

把开衫和皮包提手一起握着。

随意地搭在肩上。

夹在皮包的开口处。

搭在单侧肩膀上购物。

※ Printemps 春 ※   É+é 夏

太太们的麻料裤子是传统样式。

卡普里中长裤没有任何装饰，显得膝盖以下比较修长。

热裤配上脚踝处系缎带的鞋子。

棉质连衣裙配上京鞋，让夏季感 UP！

春季 & 夏季的绳底帆布鞋

适合光脚穿，舒适 & 轻便的单品

从9月一直持续到来年3月的漫长寒冬结束时，巴黎女人们迫不及待地脱去短袜，裸足上阵。

和裸足最相配的便是绳底帆布鞋。用麻绳编的清凉的底部是坡跟，里面是橡胶制的，稳定性极好，即使走在坑坑洼洼的石阶上，也不会跌倒，让人安心。

因此，当春天来到时，绳底帆布鞋就像绽放的花朵，装扮着巴黎的大街小巷。旅居巴黎的4年间，它是最能让我感知到"春天来了"的单品。这双鞋能一直穿到夏末，因此被很多巴黎女人视作珍宝。

绳底帆布鞋的代表作品是西班牙品牌"卡斯塔内"（castaner）。该品牌的卖场里常常人潮涌动。

绳底帆布鞋的传统款式总是保持不变，但是每年都会有新的花色、款式推出，种类非常丰富。巴黎女人积极地试穿各种款式，其受欢迎的程度可见一斑。

零用钱有限的十几岁的巴黎女孩，会选择再轻便一点的样式。价格在1000~3000日元这一较合理的范围之内的鞋子有很多，足够配连衣裙穿。

舒适 & 轻便，更能彰显出女人味。它几乎满足了巴黎女人购买商品的一切条件！

当你在街头看到绳底帆布鞋，你会开心地感到"春天来了"！♡

所谓的绳底帆布鞋，就是这种形状，用缎带缠绕脚踝。

脚踝处有细带的款式也是传统款。在有脱鞋文化的日本，这是非常方便的。

买了真好！我视作珍宝的绳底帆布鞋

2006年的款式。在castaner专柜购买的。从那以后，每年都会穿，直到现在。

细皮绳革

打了死结的布

基本的确认要点

领部是不是看起来比较修长？想要达到瘦脸的效果，需要选择领子比较大的衣服。

袖子是否看起来又瘦又长？

腰带的位置是否足够高（看起来腰高）？

和能让膝盖以下看起来较长的衣服的长度对比一下（身高不同，最佳长度也不同）。

确认侧面是否合适

注意胸部、臀部的线条。

确认后面是否合适

肩宽是否合适？

巴黎女人还要再反复确认

最地道的巴黎人要注意正面看起来不宽。

还要注意确认走路时衣服的形状。

再确认一下口袋的位置。

可连穿三季的最佳实用风衣

这是一款世界通用的单品，可以在春、秋、冬三季里充分利用

提起巴黎女人，就不得不提风衣。风衣适合任何时间、地点和场合，是一个令人穿上就有自信的单品。

很多人都认为"和别人撞衫是令人讨厌的"。但如果是一款适合你的风衣，就不会和任何人撞衫。因为，风衣体现你独有的特质。正因如此，它才抓住了重视个性的巴黎女人的心。

最适合我的那一件要如何寻找才好呢？大致要确认的要点都在左页的插图中。如果认为"风衣什么的，在哪里都有卖，什么时候都买得到"，那真是大错特错。适合你的好的风衣并不是那么容易寻觅到的。

款式、颜色方面，基本款就可以。一旦开始寻找适合自己的那一款，你就会发现，各个部位的微妙差别和不同材质，给人的感觉也不同。式样与身高不符等很多平时忽略的细节也成为筛选要点。一定要以严格的目光审视、确认，要重视自己和单品的相配度，冷静选择。这样逐渐积累经验，是巴黎范儿品位提升的秘诀。感觉风衣就像自己身体的一部分，才是合身的证明。这就是让你昂首挺胸行走在世界任意角落的衣着。从今天开始，努力寻找那件最适合你的风衣吧。

ATTENTION
！
背后打结的话，整体线条就好像长了瘤子一样碍事。一定注意避免！

最适合我的风衣
找寻5年，终于入手！
就是我最喜欢的品牌"棉柜"
Comptoir Des Cotonniers
出品的风衣。
感觉整体自然地
吸附在身体上，
自然下垂，
让我看起来
修长又苗条！

御寒的羊毛大衣

路膊看起来比较长。

最地道的巴黎门的标准色。

袖口稍微敞开点的话，

一件式的大衣也是修身的，看起来廓形很好。

运动上衣多出现在滑雪活动、户外活动中。

街头常见的是羊毛大衣！

能很好地防寒，颜色和形状都是基本款，完美地合身，这就是最地道的巴黎门。

顺便说一下，
法语的"大衣"
就是"斗篷"
（manteau）

斗篷门。

肩宽刚刚好，所以没有沉重感，平衡感和线条都非常好。

后面宽窄的大衣，和她臀部的位置正相配。

羊毛大衣的后面特别好看。

腰线很高。

65

何阳和背光的对比非常明显的白昼

光线很美，阳光很耀眼，佩戴太阳镜可以保护眼睛。但是因为喜欢这样的阳光，所以对帽子、太阳伞说NO！

被照耀成橙黄色的夜晚

享受夜晚的昏暗，对过度明亮的荧光灯说NO！

有弹性的棉质裙子，充满生气，非常适合白天穿！

摇曳的裙摆极其柔顺。漂亮的丝绸裙最适合夜晚的氛围！

白天棉质&夜晚丝绸

一天中扮演不同的自己

巴黎的街头，白天和夜晚是不一样的风情。特别是夏天，白昼里，阳光明媚夺目，而夜晚则大变样，散发着紫色与橙色色调，那冶艳黑夜有着别样情趣。

除了有瞬息万变的表情，这里的气候多变，城市系统也算不上便利，但为什么总是有人想要改变自己融入其中呢？我称之为"像魔女一样的城市"。

这里居住的巴黎女人和这个城市一样，拥有白天与黑夜两种不同的容颜。比如说巴黎女人的必备品——黑色小洋装。它的材质分为两种，白天是棉质，晚上是丝绸，

巴黎女人身着不同材质的裙子扮演着不同的自己。

穿的衣服改变的话，人的心情也会变化。伴随着巴黎这个"舞台装置"的变化，巴黎女人们也在分饰不同自己的过程中，度过一天又一天。就好像白天是第一幕，夜晚是第二幕，如此地精彩万千。

从"穿着感"角度来说，棉质、丝绸等天然材料，对皮肤很好且自然。因此，作为必需品的黑色小洋装，我也想要选择天然材料的。

我还想改变妆容，像巴黎女人那样享受白昼&黑夜的快乐。

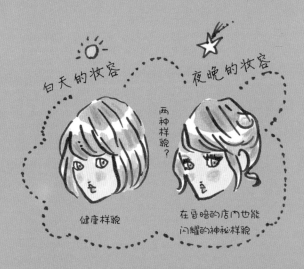

白天的妆容　　　夜晚的妆容

两种样貌？

健康样貌　　　在昏暗的店内也能闪耀的神秘样貌

Part 04

阳子（YOKO）的创意笔记

挑战令人憧憬的职业造型

花店老板
风格

秘书风格

咖啡店
店员风格

为了让鲜花更夺目，全身的色彩比较简洁。

眼角细长、欧式妆法。

和牛奶咖啡的色调保持一致。

紧身线条，看起来可靠。

美容师风格

记者风格

让人联想到层次，长毛绒的马甲是重点！

抱着资料等很多随身物品，给人以到处移动采访的感觉。上半身选择了随风摆动的设计，看起来脚步轻盈。

让工作更愉快的套装造型

流行派事务所

雅致派事务所

稍微凌乱一点

换起袖子，变身便装

里面穿的是圆形亮片长衫，优雅的颜色有效地防止过度花哨。

项链放在上衣的里面。在扣纽扣方法上下点功夫。

注意不要太保守，在临界点加入巴黎范儿的风格。光腿是最好的，但是如果工作场所不允许，就穿极薄的丝袜。

手镯叮叮当当（不要戴在惯用的手臂上，以免妨碍工作）

自由派
事务所

上衣的扣子只扣最上面那一颗，其余的任其自然。

衬衫的纽扣随意地解开。

把靴子松开，穿出休闲的感觉。

正统派
事务所

用带琉璃的皮筋绑住头发，透着低调的可爱。

用丝巾调节领口的打开度。

能在不经意间露出腰带，和套装有色差，显出了层次感。

如果是合胸的鞋子，朴素的款式也足够时尚了。（参见54页）

三个扣子的职业装，看起来漂亮干练。

73

黑色小洋装，出席活动的百搭单品

新年

大披肩防寒。

像灰白色的冰柱。

春季的活动
（毕业式、入学式）

1月盛开的山茶花的领花。

淡红色的项链增加了温柔的气质。

淡红色的指甲。

每逢春风拂过，丝绸的摆动优雅而又美丽！

六月婚礼的嘉宾

系一个缎带。

圣诞节

加上皮草马甲。

因为新娘才是主角，所以着装以简朴为宜！

系上人造宝石的配饰，给人彩饰灯的感觉。

黑色小洋装

如果是丝绸的，一年四季都OK！

红褐色的手袋不露声色地增添了圣诞色彩。

深绿色的漆皮鞋。

75

法国女星是时尚导师

Jane Birkin
简·柏金。

时尚女王简·柏金。

提东西的简·柏金，包包值得借鉴！

牛仔裤的下摆好像散开一样。

提到简·柏金，就会想到包包。塞满各种东西 or 爱马仕铂金包

Brigitte Bardot
(爱称B.B)
碧姬·芭铎

"小恶魔"代表碧姬·芭铎

提起B.B，人们就会想起她那松散的盘头。

请借鉴她这种魅力与性感完美融合的造型。

根据电影变换的表情宛若小恶魔

船鞋也有碧姬·芭铎系列

76

Jean Seberg
珍·茜宝

小短发造型的珍·茜宝。

Catherine Deneuve
凯瑟琳·德纳芙

正统派美人凯瑟琳·德纳芙在《柳媚花娇》中的造型。

没有首饰，防晒，戴华丽的帽子。

无论是整体线条还是比例分割、尺码，都是刚刚好，是一种超越时代的时尚！

萨冈的《你好，忧伤》中，珍·茜宝从内向外散发着青涩的少女风和中性的女性美。

萨冈的意识里，书是道具。"随便说的"是报纸，珍·茜宝是出版系的？
海边度假的感觉，三色的防滑鞋。

胸部清爽的美么。

清洁感优先。

从法国甜点出发的时尚游戏

Opéra
（欧佩拉）

巧克力

金箔

咖啡奶油

苦味高级巧克力蛋糕。

黄金的硬币形项链。

以成人的巧克力蛋糕"欧佩拉"为灵感创作出的春季外出造型。

巧克力色的缎子连衣裙。

咖啡奶油色的披肩。

Mille-feuille
（拿破仑）

表示"1000层"的意思，是派和蛋奶冻的重叠。

就好像是"拿破仑"千层派的横断面，布料重叠设计的抹胸裙，是夏天度假的穿着。

手链看起来也像是"层"，细细的一根根重叠起来。

78

Mont-Blanc
（蒙布朗）

粉糖

"白山" 寓意的栗子蛋糕，西洋栗子颜色接近巧克力的颜色。

西洋栗子 日本栗子

隐藏在蛋糕中间的新鲜奶油色。

『蒙布朗』的颜色和口感成为秋季搭配的灵感。

蒙布朗颜色的腰带和裙子。

好像奶油图案的灯芯绒裙子。

St-Honoré
（圣奥诺雷）

鲜奶油
草莓

特色泡芙

茶点沙龙里"拉杜丽"（Ladurée）的特色。

白色的针织绞花围巾，一层层地围起来，点缀两枚红色的胸针，温暖的冬季造型，『奶油+马卡龙』的绝美组合，像『圣奥诺雷』蛋糕一样让人一见倾心。

79

巧用法国代表色，尽享成熟柔美

TRICOLORE
（"三色旗"）
红、白、蓝

法国国旗的颜色

把红色和蓝色作为重点色，以大海的颜色衬托女性的柔美！

BEIGE
（卡其色）

雅致、极具情调的卡其色与米黄色重叠使用也不显浓艳，反倒给人留下优雅的印象。

MARRON
（栗色）
法国的栗子

栗色非常适合太太们的开司米大衣。

BORDEAUX
（波尔多葡萄
酒的酒红色）

尖角状的瓶肩。在法国，只有波尔多产区的红酒才能用这种酒瓶，酒瓶的颜色有绿色和棕色两种。

垫肩高耸的绿色上衣，搭配棕色半身裙和酒红色高跟鞋，与波尔多红酒瓶的优雅造型如出一辙。

81

借鉴法国艺术作品，打造正统派古典美人

Degas
（德加）

领巾

无肩带类型。

德加的作品。

青铜像

模仿《14岁的小舞者》

1921-1931 年
巴黎奥塞艺术博物馆

轻飘飘的芭蕾舞裙的裙子。

粉色芭蕾舞鞋。

Gérard
（大卫）

大卫的作品。

雷卡米耶夫人的腮红

从《雷卡米耶夫人像》获得灵感

1805 年
巴黎卡纳瓦雷博物馆

古希腊风的、胸口下拼接的连衣裙，披一件异国风情的披肩。

Laurencin (洛朗森)

洛朗森的作品

参考《香奈尔小姐画像》

1923年
巴黎橘园美术馆

围巾使用了两种颜色，让人联想起画像中苗条少女的紫身连衣裙。

洛朗森特有的明净色调，明媚优雅，高贵神秘的灰度。

Lautrec (洛特雷克)

洛特雷克的作品

《跳舞的珍妮·阿芙利》

1892年
巴黎奥塞艺术博物馆

白色棉质连衣裙。

平民的田园风。

黑色衬裙。

黑色打底裤配跳舞用鞋子。

将领口敞开，头发散下来，让肌肤若隐若现。

即便穿的是牛仔裤，也在脚背位置散发着女人味（这里是女性高跟鞋特有的露脚背方式）。

上身是圆领背心配马甲的率性，下身搭配甜美的蕾丝裙。

拢不上去的短发透着女性魅力

约会穿搭，展露"70%的性感"

不要过于紧绷，是约会穿搭的重点

提起法国，人们都会想到"爱"，认为那里是"爱的国度"。这里的"爱"是包含亲情在内的深刻感情，是极其自然的言语。男女的爱，是家庭的基础，需要用心经营。因此，巴黎女人会在恋爱中尽情展现其女人味。

我观察了一下恋爱中的巴黎女人的穿搭，性感部分只占到了70%，很好地保证了品质的高雅。她们的时尚并不刻意强调女性魅力，只选择比平时稍微强调一点的线条。日本是和服文化，我们日本女性会严格管束身体，想让人看到的是直线型，而非曲线型。

巴黎女性恋爱搭配的秘诀，就是"70%的性感"——既不是柔美的淑女范儿，也不是硬朗的中性风，而是在惯常装扮的基础上，再稍稍强调女人味儿的装扮。

总是紧绷绷地穿搭，就好像是一眼就能看穿，没有意思。看起来不冷漠，又保住了底线，才会引起他人的兴趣！这或许就是巴黎女人独有的娇媚。

约会的时候，男孩似的打扮就太可惜了！

如果（对方）不喜欢印文字的T恤

夜晚的酒吧中，让他看到你的肌肤

连衣服是简单款。

非常适合你。

↑评价必须说出口！

穿上外套就是办公的着装，脱掉外套，碎花连衣裙就变成了约会服装。

职业气息很浓的套装，加上小碎花的围巾，就会增添女性情调，让整个人变得柔和很多。

为了凸显女性魅力，特意穿了白色连衣裙，在外面加上一件军绿色的夹克就可以直接穿着去上班。

约会前的小准备

通过单品的"套搭"实现恋爱搭配中的快速变装

巴黎是个快节奏的都市，人们会在下班后回家换上一件再出来。因此，巴黎女人只考虑是穿还是脱。这对于我来说几乎是不可能的。但是，由于是难得的约会，我也想像巴黎女人那样，用时尚让自己高兴起来。因此，我在这里向大家提供一个建议，即做一下从工作服变身约会服装的小准备。当然了，甜美是"舍不得丢弃的"。

切记，约会装饰无论如何也不能装腔作势，但是，对他表示敬意的不动声色的率性搭配是必须要展现出来的。

换装让约会更快乐！

前半段是 on！后半段是 off！简单的变身术就能让约会更快乐！

在办公室穿着的开衫在约会时披在身上。

让肌肤若隐若现

在约会过程中，露出肌肤的做法才是巴黎式的。

喝点酒，觉得热的时候，脱下开衫外套。

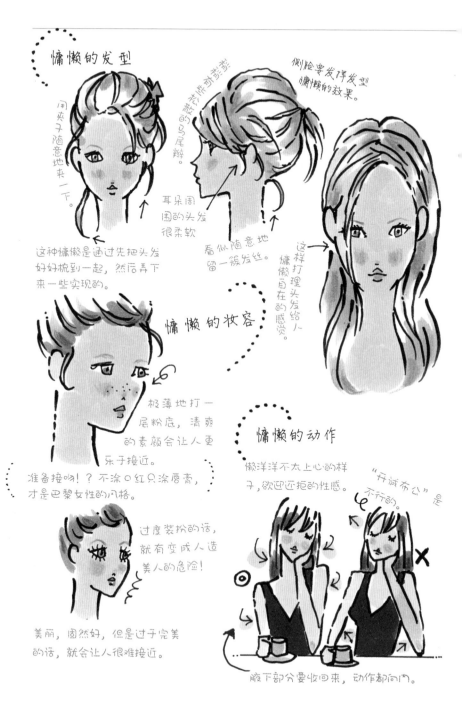

慵懒的发型

用夹子随意地夹一下。

的头发保持蓬松型的马尾辫。

侧脸要发得发型慵懒的效果。

耳朵周围的头发很柔软

看似随意地留一簇发丝。

这种慵懒是通过先把头发好好梳到一起，然后弄下来一些实现的。

这样打理头发给人慵懒自在的感觉。

慵懒的妆容

极薄地打一层粉底，清爽的素颜会让人更乐于接近。

准备接吻！？不涂口红只涂唇膏，才是巴黎女性的风格。

慵懒的动作

懒洋洋不太上心的样子，欲迎还拒的性感。

"开诚布公"是不行的。

过度装扮的话，就有变成人造美人的危险！

美丽，固然好，但是过于完美的话，就会让人很难接近。

腋下部分要收回来，动作都向内。

90

营造慵懒的氛围

制造神秘感，让他为你着迷

法语"ennui"是"倦怠"的意思——可为什么巴黎女人看上去总是一副倦怠、迷离的样子？

"已经厌烦啦""这个干不了啊"，这类台词好像很适合从她们嘴里说出来，但其实并不是累了，除了必要的专注，她们不会强迫自己总是元气满满、积极快乐、奋力向前……

她们不属于讨好别人，也不会为了赢得关注而强打精神，有时还会毫无顾忌地大声叹气……但就是这种气定神闲、散漫自在的态度，让男人们不由得为之着迷——像猫咪一样慵懒而神秘的性感，让女生显得魅力十足。

慵懒优雅的巴黎范儿，学起来很简单，造型要素请参考左页。要诀是：制造"神秘感"。外形装扮上不

要过分修饰，不要追求完美，要留下一些"不讲究"的部分，比如，头发随意地散着，遮挡住侧脸……这样，男朋友会因为看不到你全部的脸庞，不由得好奇——"看不到的部分会是什么表情呢？"并由此更迫切地想要了解你、接近你。

对彼此产生兴趣，是男女约会的起点，然后才逐步了解，产生爱情。深谙法式恋爱之道的情侣，懂得享受慢慢接近、一点点感受对方魅力的过程。或许，这就是他们能够长久亲密相处的重要原因。

当然，也有很快就分手的情侣。但是，分手理由只有一个，那就是"感觉不对了"。也许明天就会复合，也许不再复合，谁也不知道未来会发生什么。

家居服也能穿得很性感

棉线裙作
家居服也ok.

咖啡。

在厨房做饭。

把他的尺码的针织衫套在身上，透着慵懒，也有着法式的休闲。

卷起的两只裤腿卷起的位置高低错落，很随意轻松的样子，是在向男友表示自己跟他在一起很自在吧。

腰间别一条小餐巾，有点法式大厨的范儿。

人字拖的居家感。

注重身体护理，呵护到脚趾！
（参照96、97页）

通过室内着装，让他感受亲密感的不同层次

为了能够营造好的晚餐氛围，郑重地穿上小洋装。

在家用餐的时候，

素颜，很可爱。

两人交往很稳定的情况下，穿他的衬衫。

纽扣只扣一颗，这是法国电影里的穿法。

保持情侣间新鲜感的家居着装版本。穿一件连帽卫衣，微露香肩，别有韵味。

光滑的肌肤♥

唰地披上马海毛的长衫，立刻就有了巴黎风。

内衣穿得合体，外衣的线条也会变好

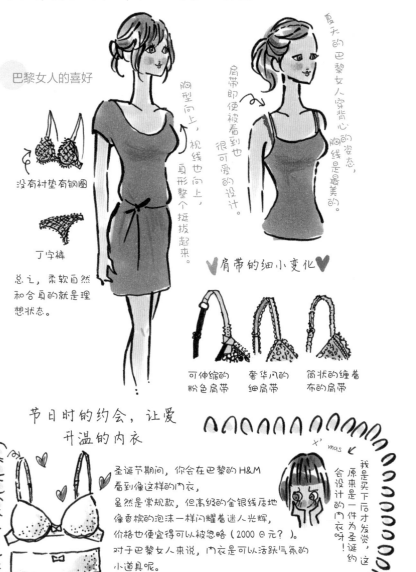

巴黎女人的喜好

没有衬垫有钢圈

丁字裤

总之，柔软自然和合身的就是理想状态。

胸型向上，视线也向上，身形整个挺拔起来。

肩带即便被看到也很可爱的设计。

夏天的巴黎女人穿背心的姿态，胸线是最美的。

♥肩带的细小变化♥

可伸缩的粉色肩带

奢华门的细肩带

筒状的缠着布的肩带

节日时的约会，让爱升温的内衣

x' mas

圣诞节期间，你会在巴黎的 H&M 看到像这样的内衣。
虽然是常规款，但高级的金银线质地像香槟的泡沫一样闪耀着迷人光辉，价格也便宜得可以被忽略（2000 日元？）。
对于巴黎女人来说，内衣是可以活跃气氛的小道具呢。

我是买下后才发觉，这原来是一件为圣诞约会设计的内衣呀！

内衣一定要试穿

恋爱内衣我推荐法国制造

"内衣"一词源自法语。从高级的住宅到超市,内衣的销售地点多种多样,价格的幅度也很大。相应地,"内衣的挑选"也非常严格。并且,在"爱"的国度,内衣和外套一样,影响着外表的美丽。

选择内衣时,一定要试穿。即使只是买一条短裤,巴黎女人也会确认合适后才购买。记得我曾经有一次因为赶时间,没有试穿就买了,当时卖场柜员惊愕的表情我至今难忘。

内衣会影响整体服装形态的好与坏,是时尚的基础。切忌敷衍了事,一定要选择能将身体很好地固定在正确位置的最适合的商品。

最好选择法国本土品牌。或许价钱稍高,但蕾丝比较纤柔,细节处理得很好,品质高且看起来非常美。光是看着,就想要推荐。

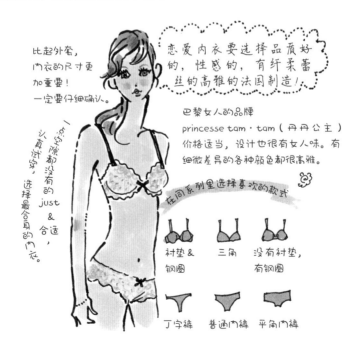

比起外套,内衣的尺寸更加重要!一定要仔细确认。

一定要认真试穿,选择最合身的内衣。

你的胸、腰都没有的 just & 合适

恋爱内衣要选择品质好的,性感的,有纤柔蕾丝的高雅的法国制造!

巴黎女人的品牌
princesse tam·tam(丹丹公主)
价格适当,设计也很有女人味。有细微差异的各种颜色都很高雅。

在同系列里选择喜欢的款式

衬垫 & 钢圈　　三角　　没有衬垫,有钢圈

丁字裤　　普通内裤　　平角内裤

作看毫不造作的发型其实也是经过打理的。

嘴唇，要认真地保湿。（亲吻是文化，千万不能偷工减料）

对于恋爱即时生效的全身保养秘籍

素颜很漂亮，化了妆更加熠熠生辉！

↑脱毛

好好地将指甲剪短，再认真地擦上护手霜。

如果平时和他相处都是淡妆素颜，那么在特别的约会时就要精心装扮，完美变身，给他一个惊喜。

要认真地去除肘部、膝盖、胸后跟的角质。

脱毛

也就是说什么时候脱毛都可以？

巴黎很干燥，而且是硬水，所以如果不认真地做护理的话，全身的皮肤很快就会变得非常干燥。

变成真正的"干巴女"。

好好地涂上趾甲油。

96

化妆可以很随性&保养绝对要仔细

巴黎女人的美容法

如果拍摄日法两国女性的面部特写，差别会非常明显，具体来说，是化妆的问题。在我的印象中日本女人都画着漂亮的妆容，而法国女人几近素颜。

"不说漂亮的脸蛋，这西方人的皮肤也太好了……"带着这样的兴趣，我开始研究街市上的化妆品，于是我了解到了日法两国需求的不同。

日本药妆店里的化妆品是相当丰富的，而巴黎药妆店里90%以上都是护肤品。

定居巴黎后，发现这里的女性对于皮肤护理的需求非常高。这里的气候和文化都与日本不同，所以护肤的方法也有所不同。巴黎气候干燥，肌肤容易变得比较敏感，所以有专门护理两颊的肌肤商店，而且人人都养成了保湿的习惯。保湿也不仅限于面部，全身都需要保湿，从头发到指尖，身体护理用品的品种多得惊人。

日本身体护理始于法国品牌娇韵诗（clarins）、瘦身的先驱产品始于迪奥的"Svelt"。此外，全身美容院的大本营也是法国。虽然如此，除了一些无所事事的太太，大家都主要是在家里做护肤美容。为恋爱准备，就从最直接的皮肤护理开始吧！

日本的药妆店里有色彩丰富的化妆用品。

化妆水类（基础化妆）
牙齿护理
脱毛
去角质 指甲护理
头发护理
香皂 唇膏&护手霜
身体护理&美容

在巴黎的药妆店和商店里，摆放着各种各样包装简单的身体护理品，选择适合自己的商品是件挺费神的事。

Part 06
装饰人生的
无年龄限 fashion

女性必备品——船鞋

10 ans

20 ans

30 ans

不逞强，配上能发挥其年轻力的轻便船鞋。

与率性风格很吻合。

能看到脚趾分叉处，镜头里很漂亮。

前端很短，脚背上很清爽，看起来很漂亮。

已经形成了自己的时尚风格，后远是很满意。

40 ans

非常适合开始考究的60多岁的人。

50 ans

旅行装搭配船鞋，让人了解她的高品位。

60 ans

能与正统的套装搭配。

如果是丽派朵（repetto）的鞋子，"吉赛尔"（Gisele）是偏成熟可爱的。

上流社会的太太，会选择克里斯提·鲁布托。

拼接看起来是成熟的一款。

永远的经典——双排扣风衣

10ans

对于10多岁的人来说，价格便宜的，每天有这么一件就足够漂亮了！

20ans

强调年轻活力。

Mini-parisienne
（巴黎小女郎）

30ans

40ans

50ans~

或许能够透露出事业心 + 个性。

正统派的优雅得心确定的年龄。

O.有太太们才能演绎出的好体形、骑马风!

挑选人生各阶段的包包

Etudiante
（学生妹）

学生就用简单轻便的包包，大小要能放进笔记本和教科书。

20~30 ans

工作能够快速开展的编辑包。

40ans

开始固定使用品质好的包包的年龄。

50ans~

气质不能输给包包！

开始使用高级品牌包，且非常多！

105

超越年龄的"太太"魅力

推定40岁。春秋衫＋长褶裙，感觉很新鲜。

推定50岁。运动与优雅的混合。快速走入超市的身影给我们留下了深刻印象。（或许着急吧？!）

登山用？背囊？

← 尼龙袋

推定50岁。利用了身高的优势，穿着很合体！

等信号灯

与上半身相对，下身很抢眼。

很适合一起戴多个珠宝。

晶莹剔透的超级太太

60岁？

随意整理的头发也很时尚！

彩色服装和白发很相配。

推定40岁。

从头到胸的搭配时髦又典雅，在站台上。

107

漫游街头，享受"鉴赏"的快乐

100 日元或 100 万日元，面对这些标签是同样的心情

巴黎是"鉴赏的天堂"。在巴黎的街道上，可以一边悠闲地漫步，一边欣赏橱窗，每家店的橱窗都很美。为了迎合喜爱鉴赏的法国人，街道上仿佛总在举办橱窗派对。

在巴黎，与其从杂志、电视上查看新品信息，不如直接去现场获得第一手资讯。正是由于每天都可以看到和对照实物，巴黎女人在选购商品方面才会如此娴熟。

在日本无法像在巴黎这样。往往是在杂志上看到了喜欢的商品，等你去看实物时已经销售一空。

在巴黎，出门并非以购物为目的，而是为了"鉴赏"；在东京，人们通常都是带着钱包"直奔想要购物的商店"（偶尔也有在中途改变路线，走入看起来很有意思的商店去瞧瞧的）。

在附近的超市或购物街闲逛，无意间发现在杂志上看中的金色坡跟鞋（仅售 870 日元）。这真是令人兴奋——这样的好事在巴黎是常有的。

在日本逛街时，我常会去奢侈品店转转（虽然只是看看橱窗）。"所谓的高级品，就在这价格中反映出这一针一线美妙的衔接"，我就这样加深理解。

在巴黎，观赏奢侈品店的橱窗更加容易。我每天从超市买东西回来的途中，都会看看那些奢侈品店的橱窗。有时，还会和在场的其他人微笑着寒暄一句："真漂亮啊！"每次都觉得很幸福。

首先是享受"鉴赏"。

这样的日子一天天过去，不管是100 日元，还是 1000 日元，在我的眼里并没有高下之分，重要的是研究实物。我开始懂得，切身去感受每件商品的好是非常重要的。于是，我不再是只靠价格来评定商品，而是让自己的价值观和商品相契合。这或许才是提升品位的本质。

比起购物，"鉴赏"优先。以那种法国人的气质做参考，相信我们也能成为时尚高手！

通过镜子反复调整，对比

试着换一个发型。

调整项链的长度看看。

背影也要成为美人。

袖子卷起来。

把上衣往下拉一点。

短裤调整到最佳的长度。

挑选最搭配的鞋。

110

时尚竞争是与自己作战

享受时尚的秘诀

不论在日本还是法国，朋友之间互相称赞"真漂亮！"都表示赞许。只是，在巴黎，这话更倾向于"很适合你"的意思（不是针对某件单品或某次装扮，而是针对符合你个性气质的穿搭风格，表示赞许）。这种法式赞美，是认可对方的装扮风格，认可对方的个性，没有攀比心。

在日本，互相称赞的朋友间，也会有"谁更美"的暗自较劲，但在巴黎则不会这样——每个人都以"表达个性"作为时尚标准，所以不存在与人竞争之说。当然，我们和欧美人的相貌和体形不同（在这方面亚洲人不占优势），但欧美模特中也有长相平平的……所以容貌不是最重要的，重要的是个性。

在巴黎范儿的时尚课堂里，首先要学习的是"看到自己"——和自己比较、竞争。比如，今天的自己有没有比昨天的自己更好。在镜子前换装，打扮，调整，比较，审视自己……找到并欣赏自己独有的风格，这是打造"巴黎范儿"的第一步。无须攀比，做更好的自己就对了。

为了画好我眼中会装扮的女性，我常常把昨天的画和今天的画做比较，细细感受她们身上不断精进的美。

时尚品位需要不断积累，不要着急，用心过好每一天，慢慢地，成为时尚达人就会成为一件让你乐此不疲的事。当然，疲惫的时候也可以偷个懒，把事情留给明天。不必要求自己时时出色，在失败中也可以成长，顺其自然吧！

"只与自己作战"，学着享受巴黎女人们的这个时尚的秘诀吧！这样的话，不论到了什么年龄，不论处于哪个人生阶段，你所装扮出来的自己，就是最闪耀的自己。

反省昨天——穿得过于宽松，显胖

今天改善——修身风格——走清爽

昨天的自己 VS. 今天的自己

Afterword
后　记

巴黎范儿的时尚，如何呢？

在遥远的巴黎居住的时候，我常常觉得"日本的女孩子足够可爱！"

在我这本书中出现的日本女孩子，加入了日本原创的 "可爱"特质。关于日本的"可爱"，我配了很多插图。

当我从法国回国，我眼中折射出的是为时尚和可爱而努力的日本女性，她们疲惫又不知所措。

如果你现在也觉得疲惫，那么一定要实践一下这个"巴黎范儿"，至少整理一次。

让心灵变简单。只留下最必要的东西，其他的都处理掉。

不要想象得过难就可以了，从可以做的地方入手。

本书是歌颂时尚的，但是并不一定要成为时尚达人。时尚就是你放松享受生活的手段，请别过于勉强。如果"巴黎范儿"的技巧对大家有所帮助，那么将是我莫大的荣幸。

这次我还是要感谢在图书设计上、精神层面上给予我莫大支持的大久保裕文。感谢他总会在我有烦恼时就给我善良的支持。同时也要感谢编辑井上薰小姐。

最后，我还要感谢阅读《手绘时尚巴黎范儿》并给予我建议的各位读者以及购买此书的读者，感谢你们！

千万次地感谢！

米泽阳子
Soko Yonezawa.

好书推荐

《手绘时尚巴黎范儿1——魅力女主们的基本款时尚穿搭》
[日]米泽阳子/著 袁淼/译
百分百时髦、有用的穿搭妙书，
让你省钱省力、由里到外
变身巴黎范儿美人。

《手绘时尚巴黎范儿2——魅力女主们的风格化穿搭灵感》
[日]米泽阳子/著 满新茹/译
继续讲述巴黎范儿的深层秘密，
在讲究与不讲究间，抓住迷人的平衡点，
踏上成就法式优雅的捷径。

《手绘时尚范黎范儿3——跟魅力女主们帅气优雅过一生》
[日]米泽阳子/著 满新茹/译
巴黎女人穿衣打扮背后的生活态度，
巴黎范儿扮靓的至高境界。

《时尚简史》

[法]多米尼克·古维烈 /著 治棋 /译

流行趋势研究专家精彩"爆料"。

一本有趣的时尚传记，一本关于审美潮流与

女性独立的回顾与思考之书。

《点亮巴黎的女人们》

[澳]露辛达·霍德夫斯 /著 祁怡玮 /译

她们活在几百年前，也活在当下。

走近她们，在非凡的自由、爱与欢愉中

点亮自己。

《巴黎之光》

[美]埃莉诺·布朗 /著 刘勇军 /译

我们马不停蹄地活成了别人期待的样子，

却不知道自己究竟喜欢什么、想要什么。

在这部"寻找自我"与"勇敢抉择"的温情小说里，你

会找到自己的影子。

《属于你的巴黎》

[美]埃莉诺·布朗 /编 刘勇军 /译

一千个人眼中有一千个巴黎。

18位女性畅销书作家笔下不同的巴黎。

这将是我们巴黎之行的完美伴侣。

悦读阅美·生活更美

好书推荐

《优雅与质感1——熟龄女人的穿衣圣经》

[日]石田纯子/主编 宋佳静/译

时尚设计师30多年从业经验凝结，

不受年龄限制的穿衣法则，

从廓形、色彩、款式到搭配，穿出优雅与质感。

《优雅与质感2——熟龄女人的穿衣显瘦时尚法则》

[日]石田纯子/主编 宋佳静/译

扬长避短的石田穿搭造型技巧，

突出自身的优点、协调整体搭配，

穿衣显瘦秘诀大公开，穿出年轻和自信。

《优雅与质感3——让熟龄女人的日常穿搭更时尚》

[日]石田纯子/主编 宋佳静/译

衣柜不用多大，衣服不用多买，

现学现搭，用基本款&常见款穿出别样风采，

日常装扮也能常变常新，品位一流。

《优雅与质感4——熟龄女性的风格着装》

[日]石田纯子/主编 千太阳/译

43件经典单品+创意组合，

帮你建立自己的着装风格，

助你衣品进阶。

《选对色彩穿对衣（珍藏版）》
王静/著

"自然光色彩工具"发明人为中国女性
量身打造的色彩搭配系统。
赠便携式测色建议卡+搭配色相环。

《识对体形穿对衣（珍藏版）》
王静/著

"形象平衡理论"创始人为中国女性
量身定制的专业扮美公开课。
体形不是问题，会穿才是王道。
形象顾问人手一册的置装宝典。

《围所欲围（升级版）》
李昀/著

掌握最柔软的时尚利器，
用丝巾打造你的独特魅力；
形象管理大师化平凡无奇为优雅时尚的丝巾美学。

好书推荐

《中国绅士（珍藏版）》

靳羽西/著

男士必藏的绅士风度指导书。

时尚领袖的绅士修炼法则，

让你轻松去赢。

《中国淑女（珍藏版）》

靳羽西/著

现代女性的枕边书。

优雅一生的淑女养成法则，

活出漂亮的自己。

《嫁人不能靠运气——好女孩的24堂恋爱成长课》

徐徐/著

选对人，好好谈，懂自己，懂男人。

收获真爱是有方法的，

心理导师教你嫁给对的人。

《女人30⁺——30⁺女人的心灵能量》

(珍藏版)

金韵蓉/著

畅销20万册的女性心灵经典。

献给20岁：对年龄的恐惧变成憧憬。

献给30岁：于迷茫中找到美丽的方向。

《女人40⁺——40⁺女人的心灵能量》

(珍藏版)

金韵蓉/著

畅销10万册的女性心灵经典。

不吓唬自己，不如临大敌，

不对号入座，不坐以待毙。

《优雅是一种选择》(珍藏版)

徐俐/著

《中国新闻》资深主播的人生随笔。

一种可触的美好，一种诗意的栖息。

《像爱奢侈品一样爱自己》(珍藏版)

徐巍/著

时尚主编写给女孩的心灵硫酸。

与冯唐、蔡康永、张德芬、廖一梅、张艾嘉等

深度对话，分享爱情观、人生观！

 悦读阅美·生活更美

《我减掉了五十斤——心理咨询师亲身实践的心理减肥法》
徐徐/著

让灵魂丰满，让身体轻盈，

一本重塑自我的成长之书。

《OH卡与心灵疗愈》
杨力虹、王小红、张航/著

国内第一本OH卡应用指导手册，

22个真实案例，照见潜意识的心灵明镜；

OH卡创始人之一莫里兹·艾格迈尔（Moritz Egetmeyer）

亲授图片版权并专文推荐。

《女人的女朋友》
赵婕/著

情感疗愈深度美文，告别"纯棉时代"，走进"玫瑰岁月"，

女性成长与幸福不可或缺的——

女友间互相给予的成长力量，女友间互相给予的快乐与幸福，

值得女性一生追寻。

《母亲的愿力》
赵婕/著

情感疗愈深度美文，告别"纯棉时代"，走进"玫瑰岁月"，

女性成长与幸福不得不面对的——

如何理解"带伤的母女关系"，与母亲和解；

当女儿成为母亲，如何截断轮回，不让伤痛蔓延到孩子身上。

《茶修》
王琼/著

中国茶里的修行之道，
借茶修为，以茶养德。
在一杯茶中构建生活的仪式感，
修成具有幸福能力的人。

《玉见——我的古玉收藏日记》
唐秋 / 著　石剑 / 摄影

享受一段与玉结缘的悦读时光，
遇见一种温润如玉的美好人生。

《与茶说》
半枝半影 / 著

茶入世情间，一壶得真趣。
这是一本关于茶的小书，
也是茶与中国人的对话。

《一个人的温柔时刻》
李小岩/著

和喜欢的一切在一起，用指尖温柔，换心底自由。
在平淡生活中寻觅诗意，
用细节让琐碎变得有趣。

悦读阅美·生活更美

* 好 书 推 荐 *

《管孩子不如懂孩子——心理咨询师的育儿笔记》

徐徐／著

资深亲子课程导师20年成功育儿经验，

做对五件事，轻松带出优质娃。

《太想赢，你就输了——跟欧洲家长学养育》

魏蔻蔻/著

想要孩子赢在起跑线上，

你可能正在剥夺孩子的自我认知和成就感；

旅欧华人、欧洲教育观察者

详述欧式素质教育真相。

资优教养：释放孩子的天赋

王意中/著

问题背后，可能潜藏着天赋异禀，

资质出众，更需要健康成长。

资深心理师的正面管教策略，

从心理角度解决资优教养的困惑。

《牵爸妈的手——让父母自在终老的照护计划》

张晓卉/著

从今天起，学习照顾父母，

帮他们过自在有尊严的晚年生活。

2014年获中国台湾优秀健康好书奖。

《在难熬的日子里痛快地活》

[日]左野洋子/著 张峻/译

超萌老太颠覆常人观念，用消极而不消沉的

心态追寻自由，爽朗幽默地面对余生。

影响长寿世代最深远的一本书。

《我们的无印良品生活》

[日]主妇之友社/编著 刘建民/译

简约家居的幸福蓝本，

走进无印良品爱用者真实的日常，

点亮收纳灵感，让家成为你想要的样子。

《有绿植的家居生活》

[日]主妇之友社/编著 张峻/译

学会与绿植共度美好人生，

30位Instagram（照片墙）达人

分享治愈系空间。

PARIS RYU OSHARE ARENJI!2 by Yoko Yonezawa
Copyright 2010 by Yoko Yonezawa
All rights reserved.
Original Japanese edition published by MEDIA FACTORY, INC.
Chinese translation rights arranged with MEDIA FACTORY,INC.
Through Shinwon Agency Beijing Representative Office, Beijing.
Chinese translation rights 2012 by Lijiang Publishing House

桂图登字：20-2012-156

图书在版编目(CIP)数据

手绘时尚巴黎范儿.2,魅力女主们的风格化穿搭灵
感 /(日) 米泽阳子著；满新茹译. -- 2版. -- 桂林：
漓江出版社, 2020.1
ISBN 978-7-5407-8742-4

Ⅰ.①手... Ⅱ.①米...②满... Ⅲ.①服饰美学 – 通
俗读物 Ⅳ.①TS973-49

中国版本图书馆CIP数据核字(2019)第214934号

手绘时尚巴黎范儿2——魅力女主们的风格化穿搭灵感
Shouhui Shishang Bali Fanr 2—— Meili Nüzhumen de Fenggehua Chuanda Linggan

作　者：[日]米泽阳子　译　者：满新茹

出 版 人：刘迪才
策划编辑：符红霞　　　责任编辑：符红霞
助理编辑：赵卫平　　　装帧设计：夏天工作室
责任校对：王成成　　　责任监印：黄菲菲

出版发行：漓江出版社有限公司
社　　址：广西桂林市南环路22号
邮　　编：541002
发行电话：010-85893190　　0773-2583322
传　　真：010-85893190-814　　0773-2582200
邮购热线：0773-2583322
电子信箱：ljcbs@163.com
微信公众号：lijiangpress

印　　制：北京尚唐印刷包装有限公司
开　　本：880 mm × 1230 mm　1/32
印　　张：4
字　　数：98千字
版　　次：2020年1月第2版
印　　次：2020年1月第1次印刷
书　　号：ISBN 978-7-5407-8742-4
定　　价：42.00元

女性时尚生活阅读品牌

☐ 宁静　　☐ 丰富　　☐ 独立　　☐ 光彩照人　　☐ 慢养育

悦 读 阅 美 · 生 活 更 美